FABRICATION DES ÉTOFFES

TRAITÉ COMPLET

DE LA

FILATURE DU COTON

Origines — Production — Caractères — Propriétés
Classifications — Transformations — Développement commercial — Succédanés
Progrès techniques — Filature
Apprêts des fils — Détermination des assortiments
Installation et organisation des filatures

PAR M. ALCAN

PROFESSEUR DE FILATURE ET DE TISSAGE AU CONSERVATOIRE IMPÉRIAL DES ARTS ET MÉTIERS
MEMBRE DU JURY DES EXPOSITIONS INTERNATIONALES
DE LA SOCIÉTÉ D'ENCOURAGEMENT, DU COMITÉ DE LA SOCIÉTÉ DES INGÉNIEURS CIVILS
ET DES PRINCIPALES SOCIÉTÉS SCIENTIFIQUES ET INDUSTRIELLES

ATLAS

PARIS
NOBLET & BAUDRY, LIBRAIRES-ÉDITEURS
RUE DES SAINTS-PÈRES, 15
LIÉGE, MÊME MAISON
1864

TABLE DES PLANCHES

Filage.

Retordage.

Bobinage

PARIS. — TYPOGRAPHIE HENNUYER ET FILS, RUE DU BOULEVARD, 7.

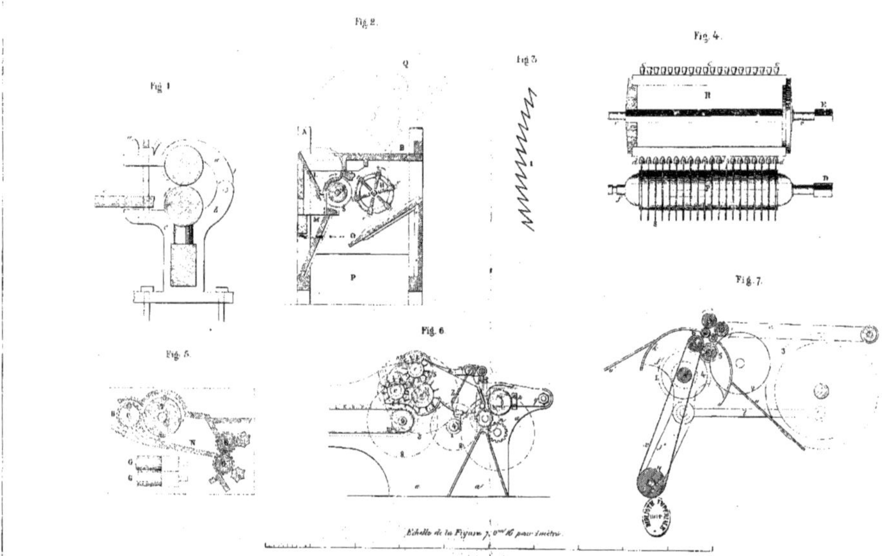

Échelle de la Figure 7, 0m.16 pour 1 mètre.

Établ.t d'imp.ie de Noblet et Baudry

FIBRES ÉLÉMENTAIRES VUES AU MICROSCOPE EN LONG ET COUPÉES EN TRAVERS.

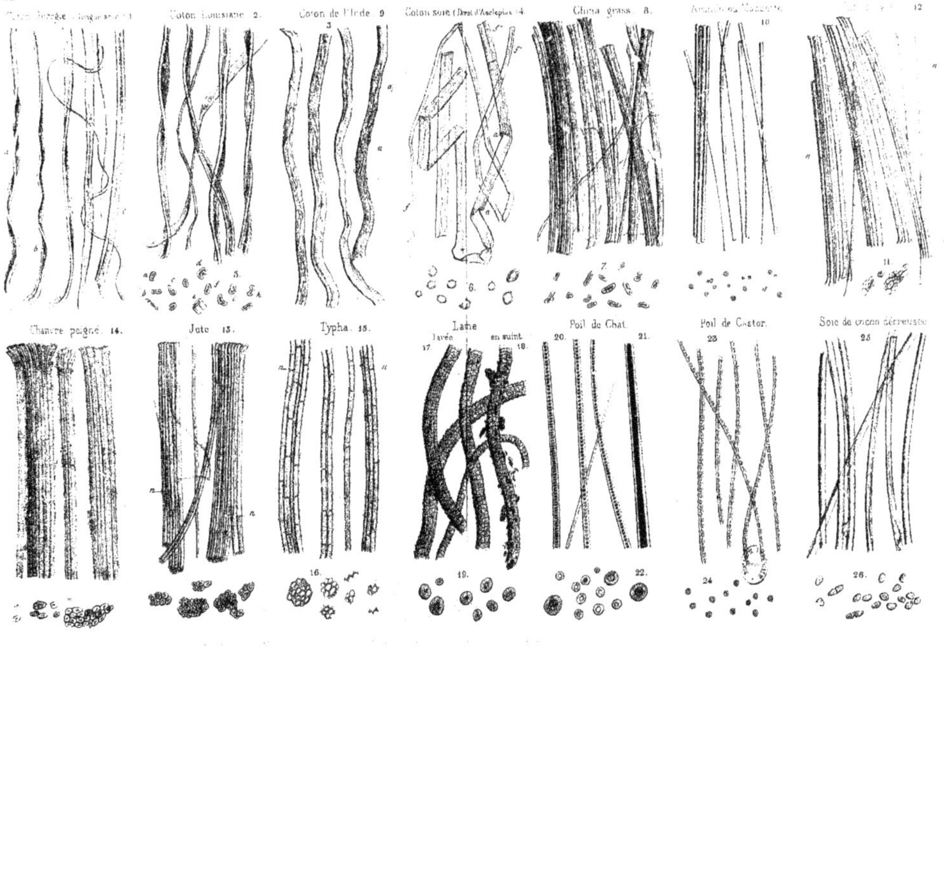

PL. II

Coton

Coton Géorgie (longue soie) 1. Coton Louisiane 2. Coton de l'Inde 9. Coton soie (Duvet d'Asclepias) 4. China grass 8. 10 12

3 5. 6. 7. 11.

Chanvre peigné 14. Jute 15. Typha 15. Laine lavée 17. en suint 18. Poil de Chat 20. 21. Poil de Castor 23. Soie de cocon

16. 19. 22. 24. 25 26.

APPAREIL A DÉTERMINER LES CARACTÈRES ET QUALITÉS DES FILS.

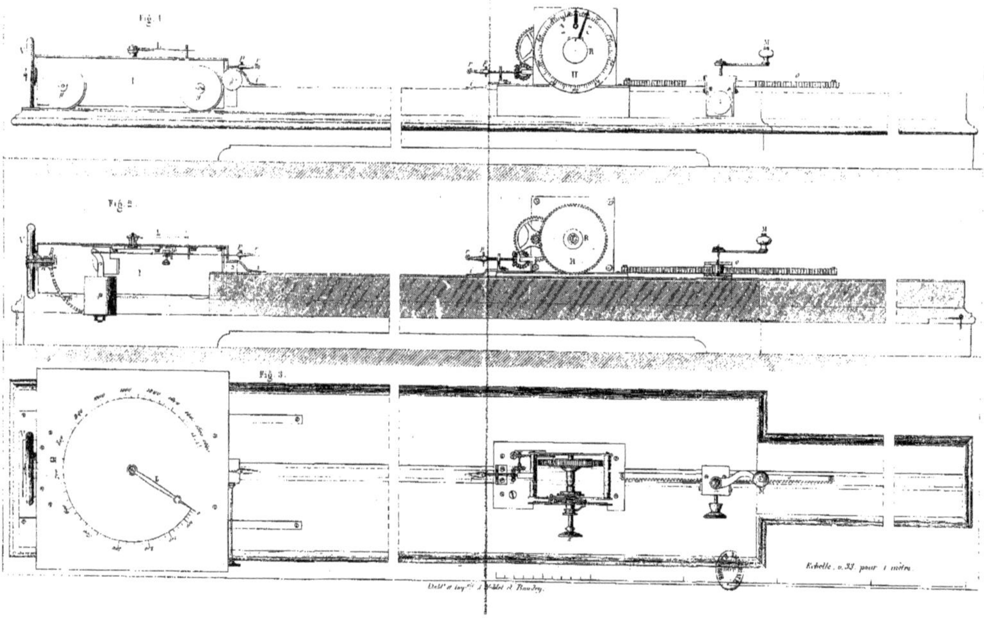

Fig. 1

Fig. 2

Fig. 3.

Echelle, 0.33 pour 1 mètre.

Dess. et imp. J. Mollet et Baudry.

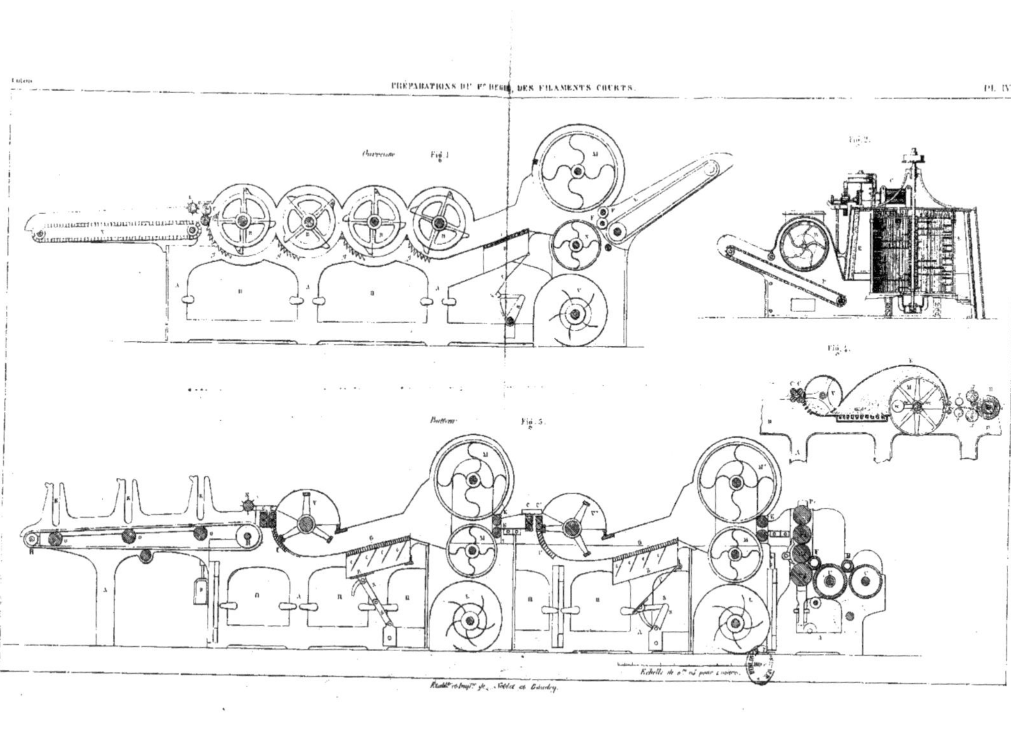
Ouvreuse Fig. 1
Fig. 2.
Fig. 4.
Batteur Fig. 3.
Echelle de 0m 05 pour 1 mètre.

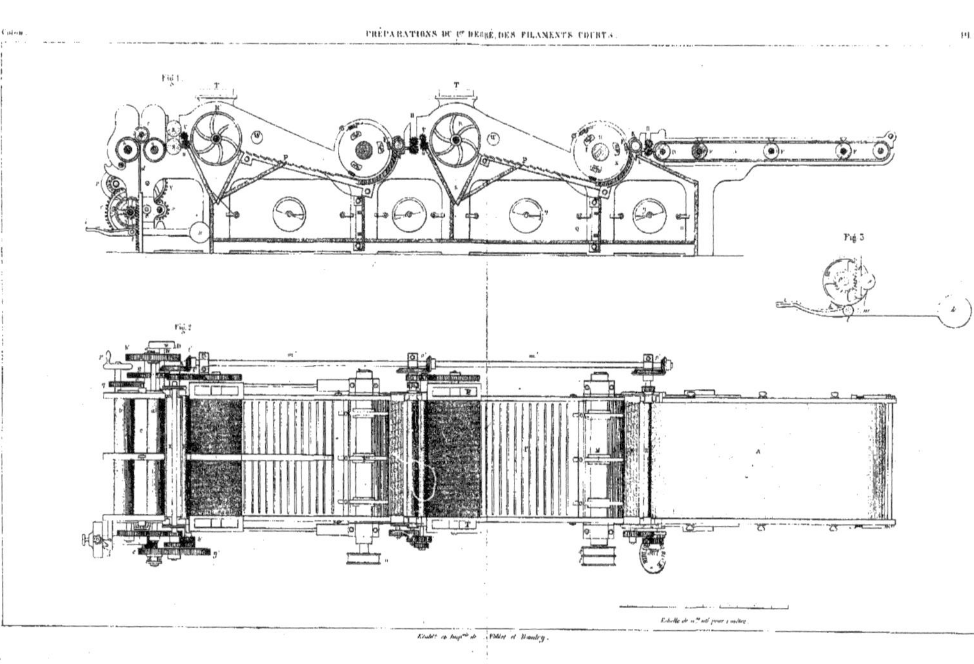
Fig. 1.
Fig. 2
Fig. 3

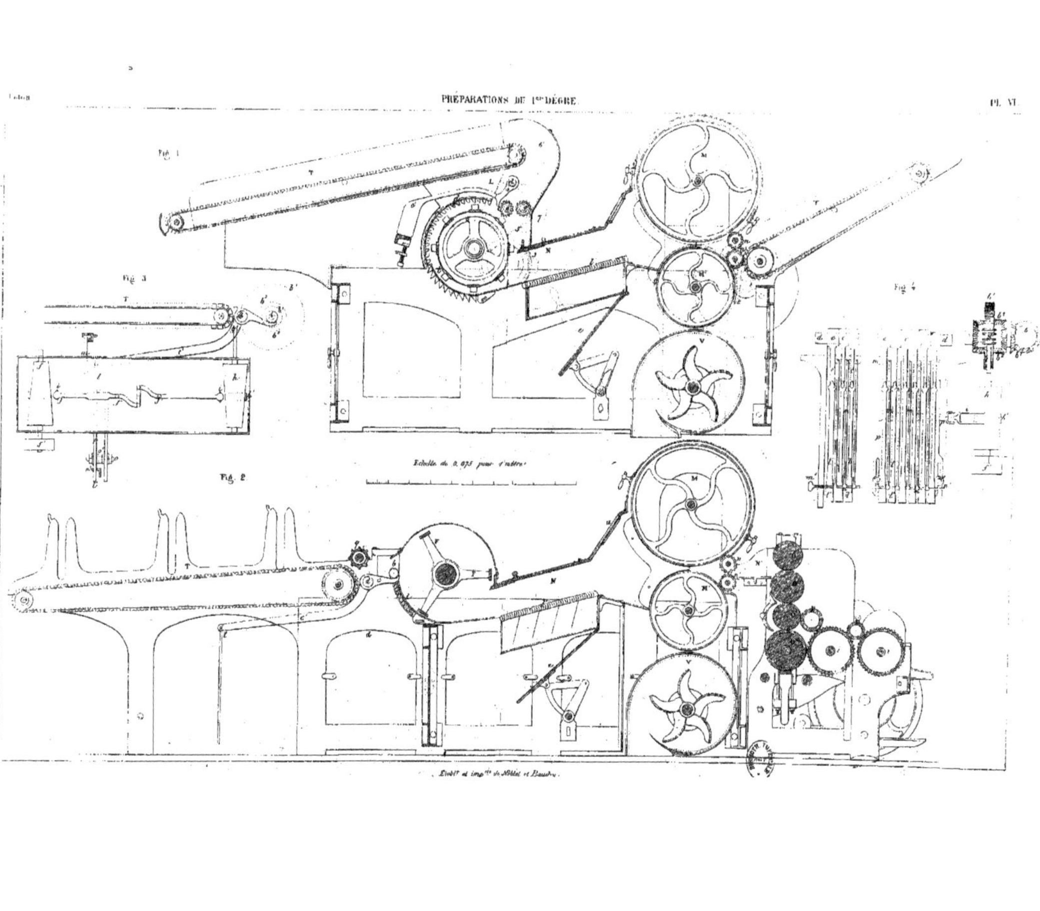

Lith. et imp. de Noblet et Baudry

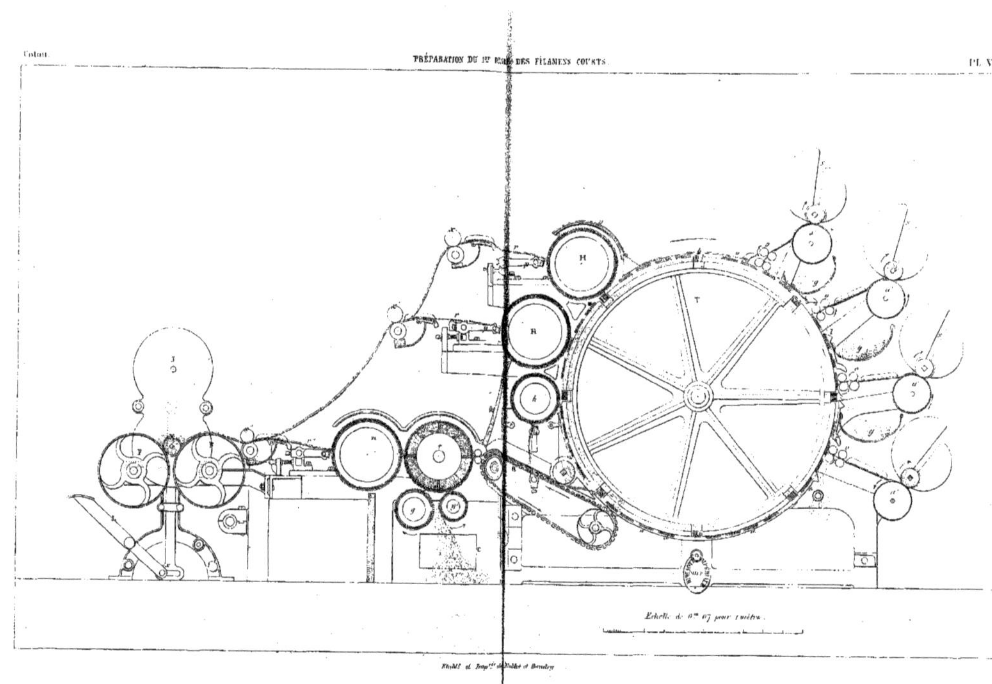
Echelle de 0m 07 pour 1 mètre.

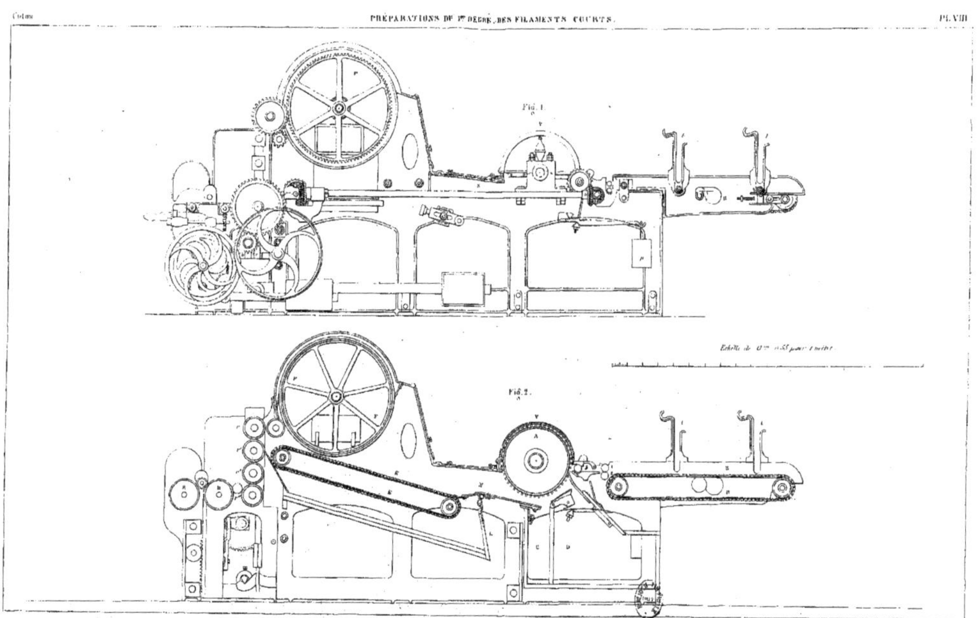
Fig. 1.
Fig. 2.

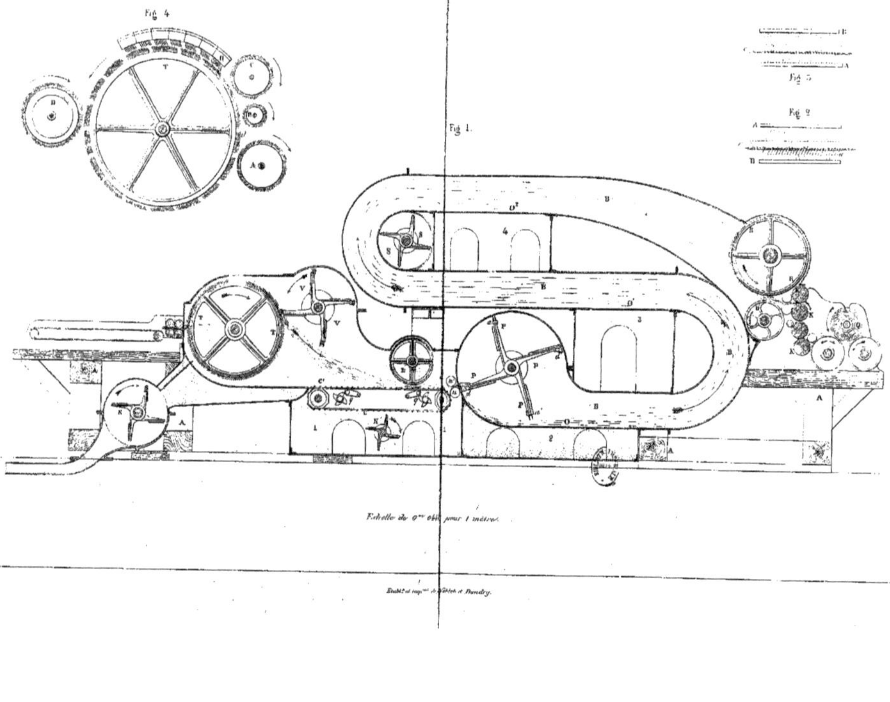

Fig. 4

Fig. 5

Fig. 2

Fig. 1.

Echelle de 0m 0[illegible] pour 1 mètre.

Etabl.t et imp.rie de [illegible] et Baudry.

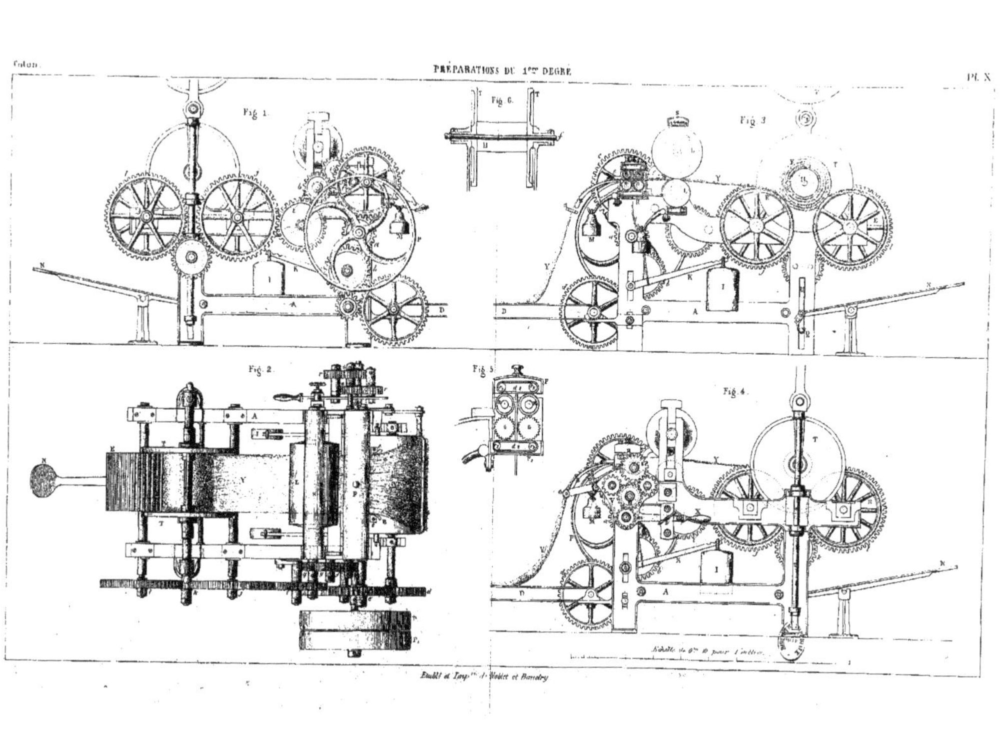
Coton.
PRÉPARATIONS DU 1er DEGRÉ
Pl. X
Fig. 1
Fig. 6
Fig. 3
Fig. 2
Fig. 5
Fig. 4

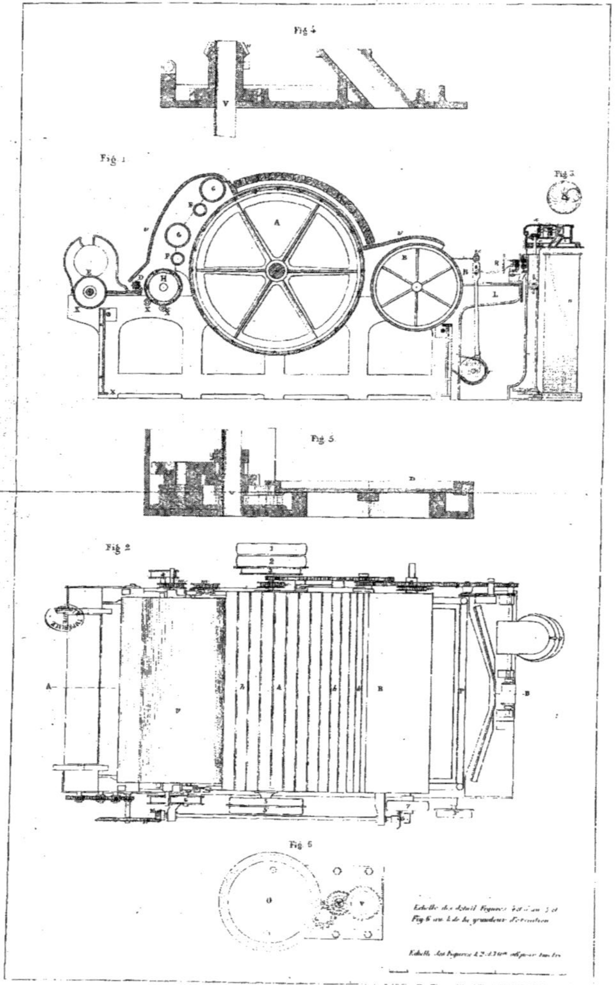

Fig. 4

Fig. 1

Fig. 3

Fig. 5

Fig. 2

Fig. 6

Echelle des détail Figures 4, 3 [illegible] au 1/5 et Fig. 6 au 1/4 de la grandeur d'exécution

Echelle des Figures 1, 2 : 0,30 [illegible] pour [illegible]

Dessiné et Imp. de Neblet et Baudry

Fig. 1

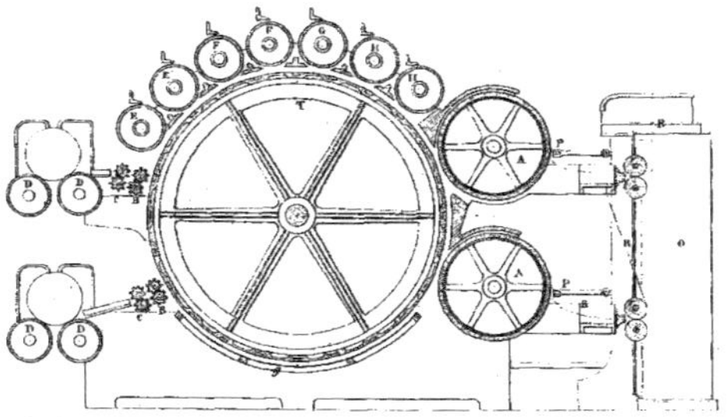

Fig. 4. Fig. 2. Fig. 3

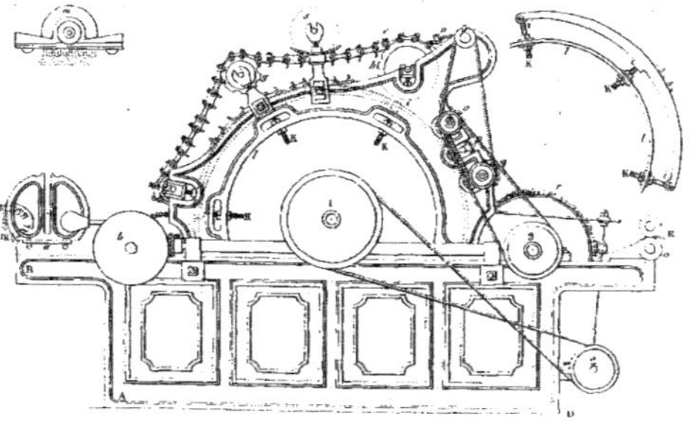

Echelle de 0m 075 pour 1 mètre

Etabl.t et impr.ie de Noblet et Baudry

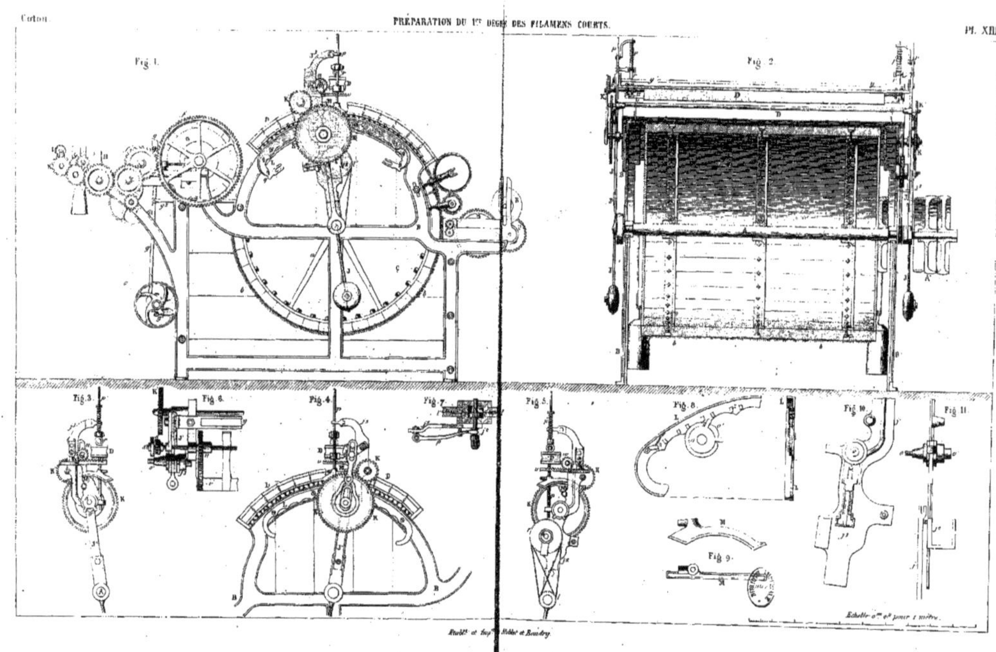
Coton
PRÉPARATION DU 1er DEGRÉ DES FILAMENS COURTS.
Pl. XIII
Fig. 1
Fig. 2
Fig. 3
Fig. 4
Fig. 5
Fig. 6
Fig. 7
Fig. 8
Fig. 9
Fig. 10
Fig. 11

Fig. 1

Fig. 2

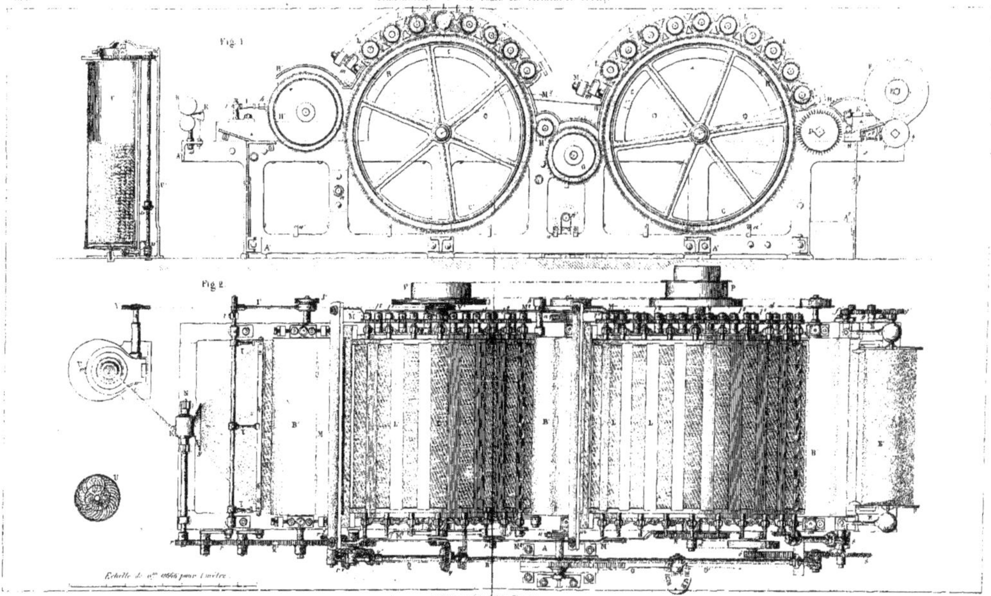

Echelle de 0m 0666 pour 1 mètre.

Etabl. d'impr. de Wld. La Roudry

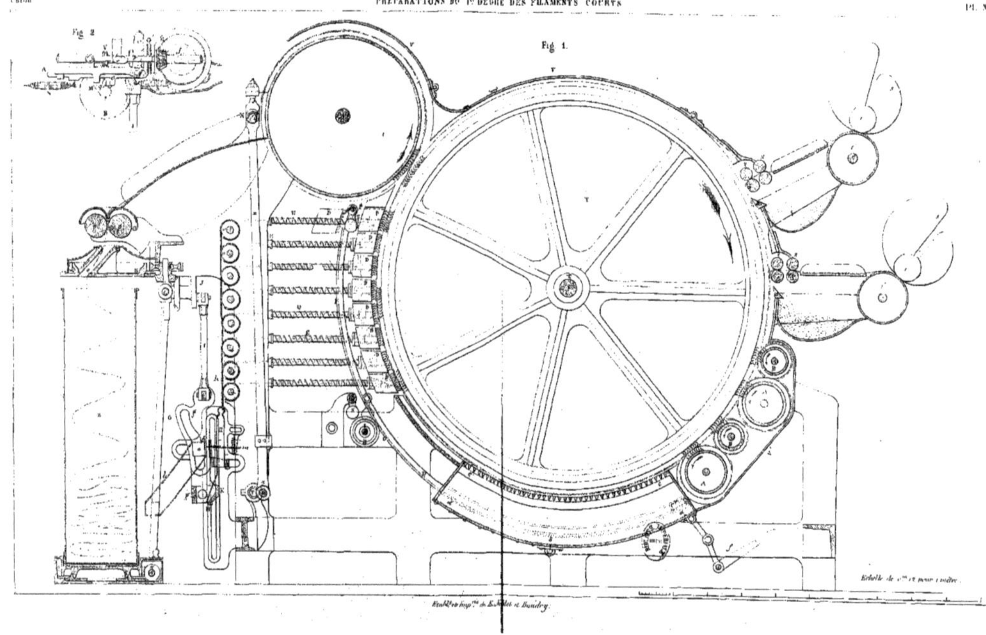

Éch. et imp. de E. Lacroix et Baudry.

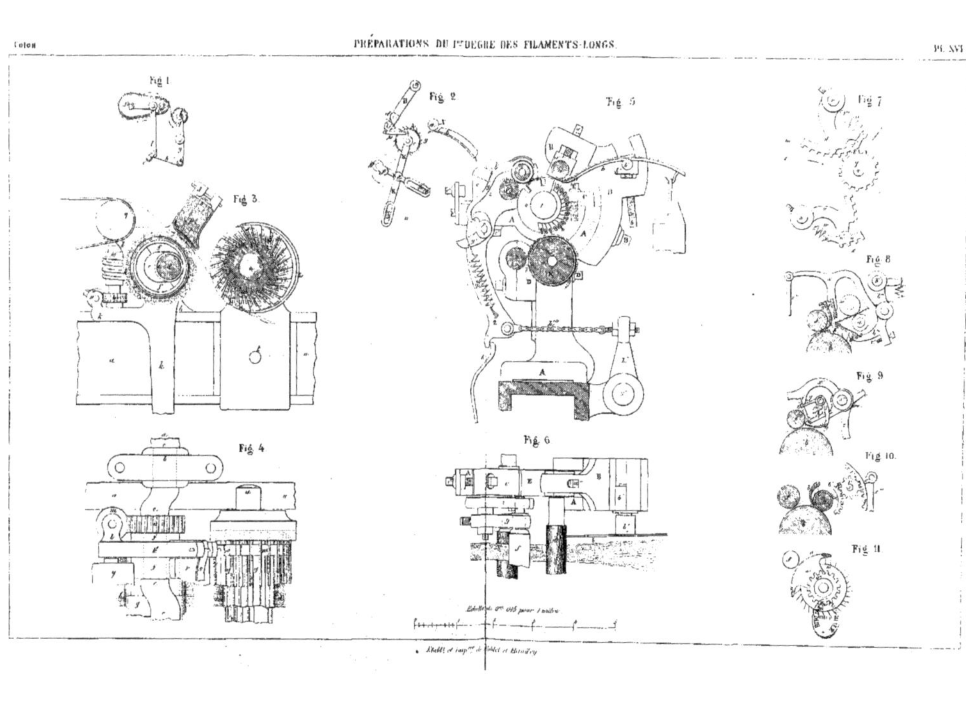
Fig. 1
Fig. 2
Fig. 3.
Fig. 4
Fig. 5
Fig. 6
Fig. 7
Fig. 8
Fig. 9
Fig. 10.
Fig. 11

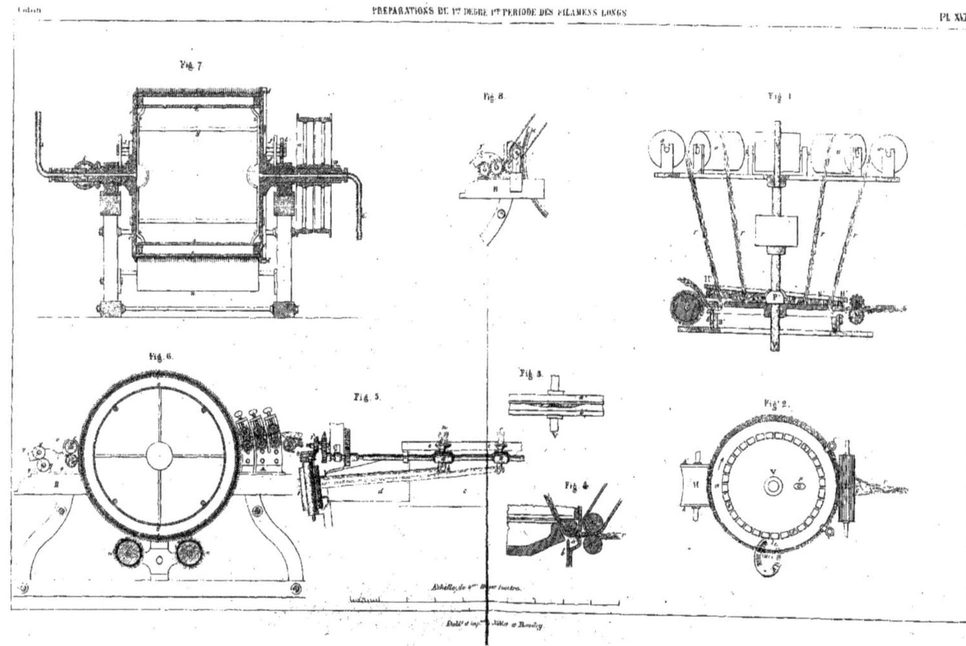
PRÉPARATIONS DU 1er DEGRÉ 1re PÉRIODE DES FILAMENS LONGS
Pl. XXII
Fig. 7
Fig. 8
Fig. 1
Fig. 6
Fig. 5
Fig. 3
Fig. 2
Fig. 4

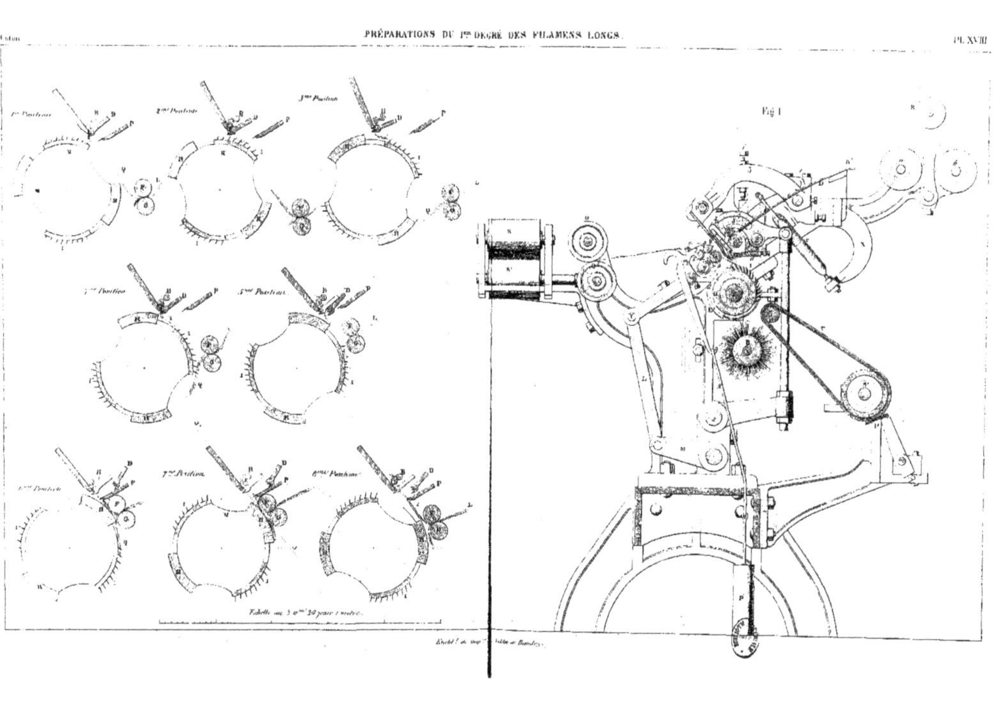
1re Position
2me Position
3me Position
4me Position
5me Position
6me Position
7me Position
8me Position
Fig. 1
Échelle de 0m20 pour 1 mètre.

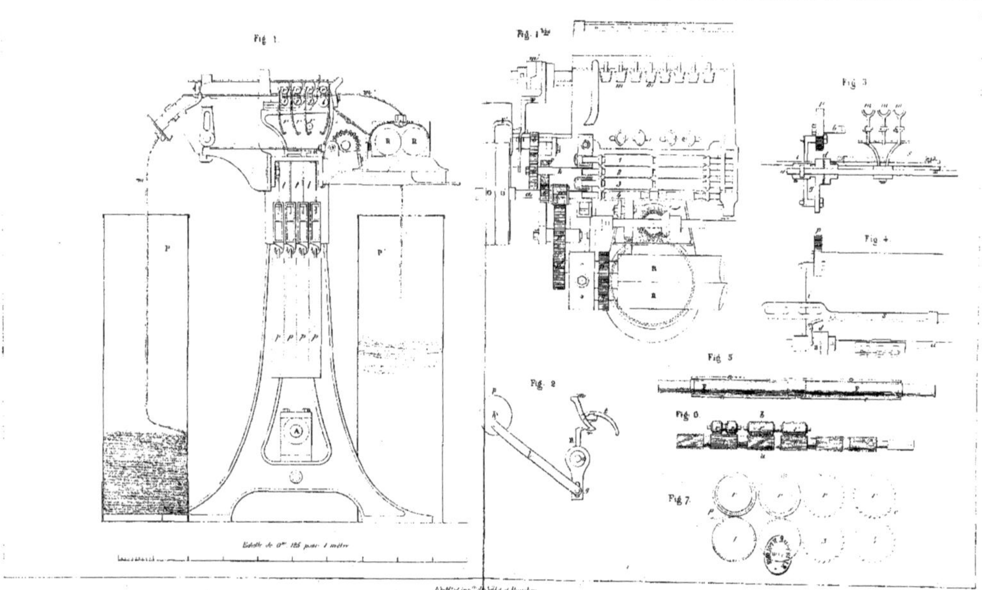

Fig. 1.

Fig. 1 bis

Fig. 2

Fig. 3

Fig. 4

Fig. 5

Fig. 6

Fig. 7.

Échelle de 0m 125 pour 1 mètre

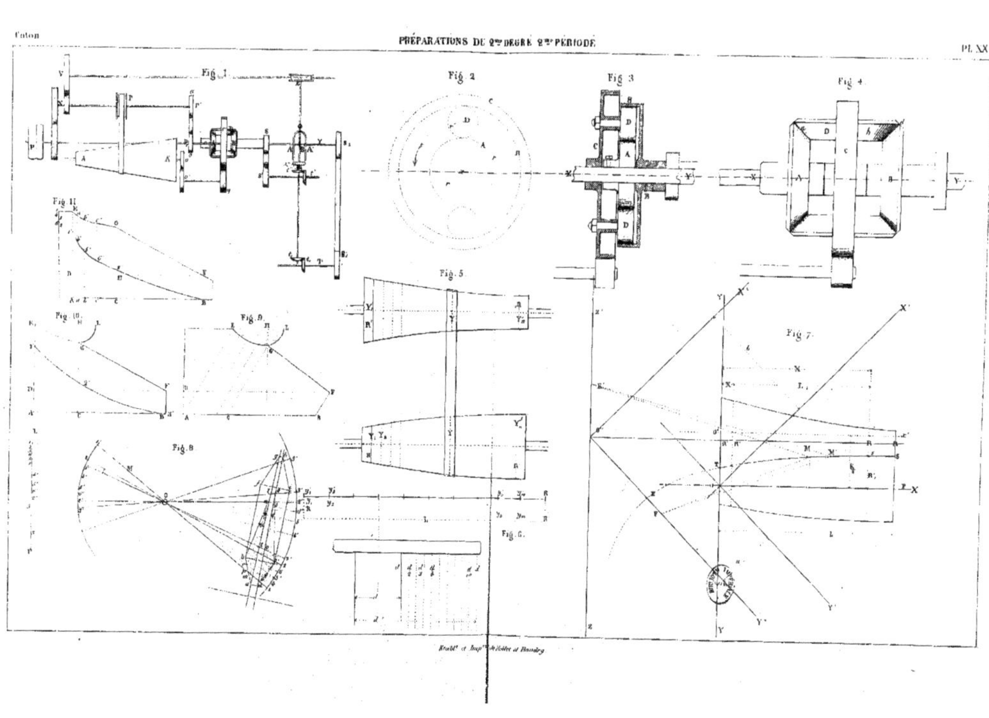
Fig. 1
Fig. 2
Fig. 3
Fig. 4
Fig. 5
Fig. 6
Fig. 7
Fig. 8
Fig. 9
Fig. 10
Fig. 11

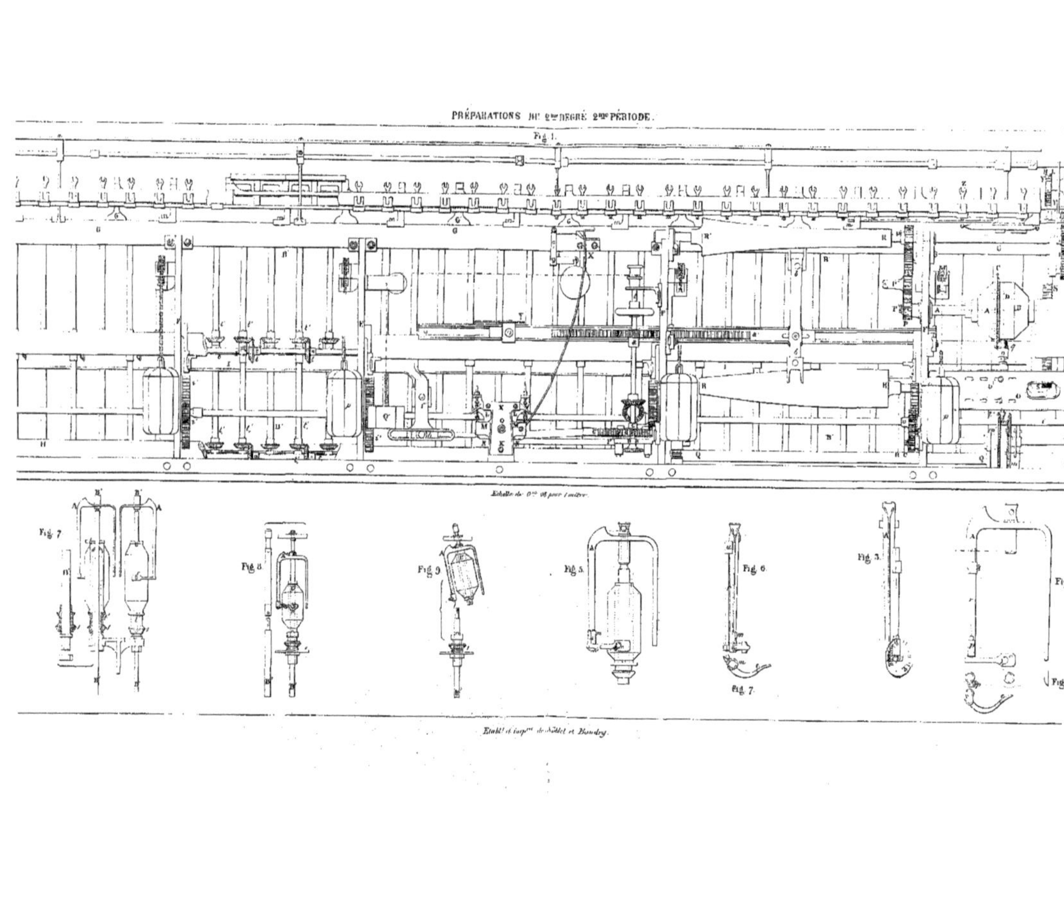
PRÉPARATIONS DU 2me DEGRÉ 2me PÉRIODE.
Fig. 1.
Fig. 7
Fig. 8
Fig. 9
Fig. 5.
Fig. 6.
Fig. 7.
Fig. 3.

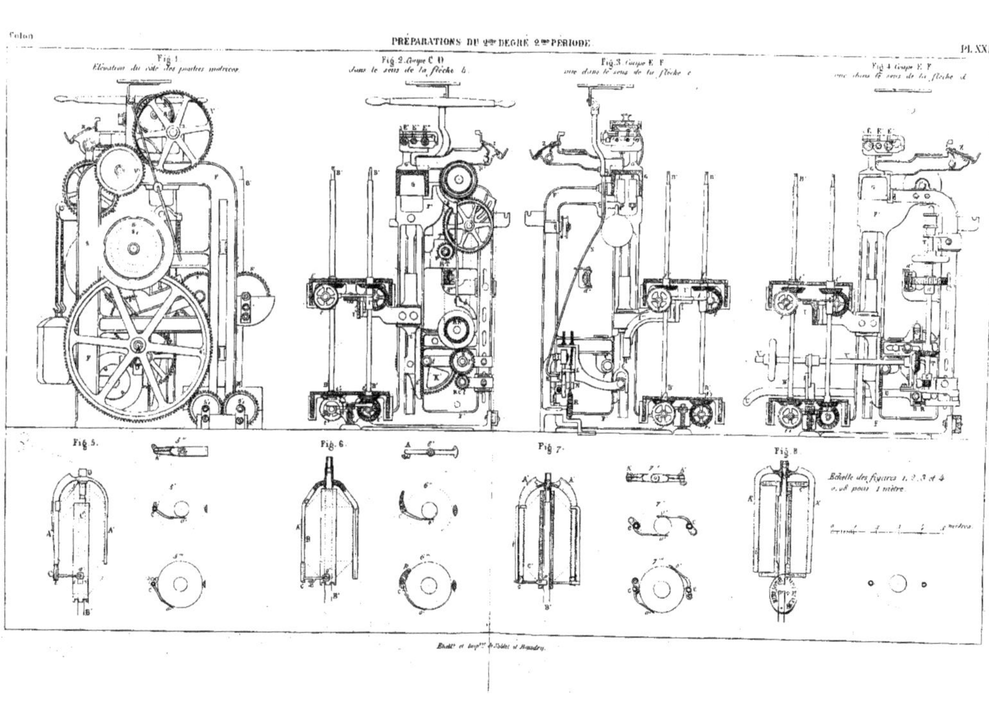
Coton
PRÉPARATIONS DU 2me DEGRÉ 2me PÉRIODE
Pl. XXII
Fig. 1
Élévation du côté des poulies motrices
Fig. 2 Coupe C D
dans le sens de la flèche b
Fig. 3 Coupe E F
vue dans le sens de la flèche c
Fig. 4 Coupe E F
vue dans le sens de la flèche d
Fig. 5
Fig. 6
Fig. 7
Fig. 8
Echelle des figures 1, 2, 3 et 4
0,08 pour 1 mètre
mètres

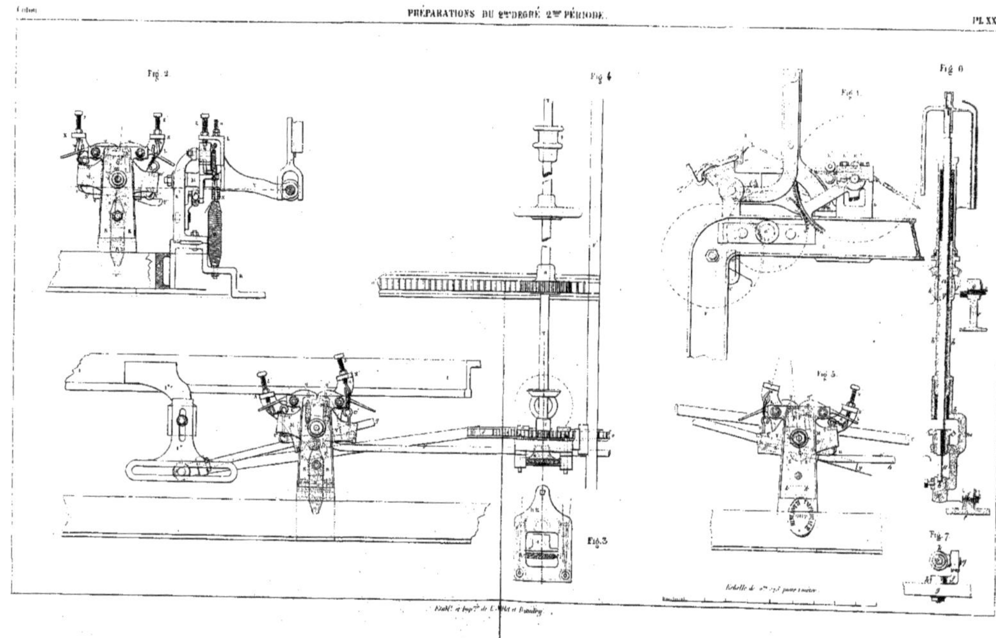
Fig. 2
Fig. 4
Fig. 1
Fig. 6
Fig. 5
Fig. 3
Fig. 7

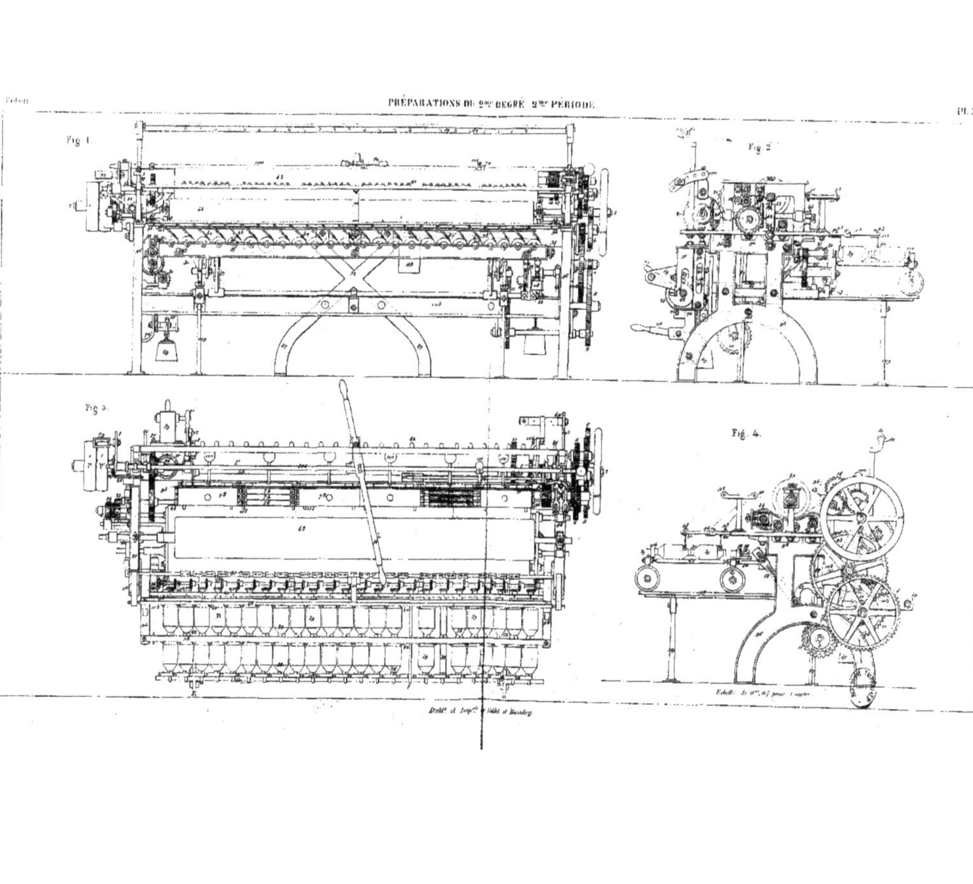
PRÉPARATIONS DU 2me DEGRÉ 2me PÉRIODE
Pl. XXIV
Fig. 1.
Fig. 2.
Fig. 3.
Fig. 4.
Échelle de 0m,07 pour 1 mètre.
Établt et Impie. Sauvé et Baudry.

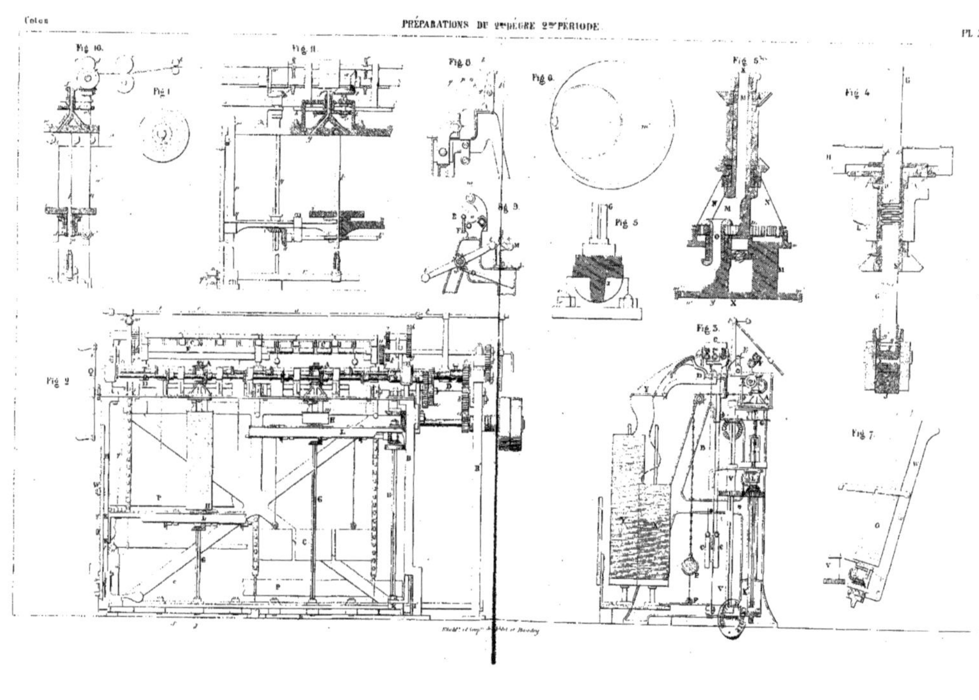
Fig. 10.
Fig. 1
Fig. 11
Fig. 8
Fig. 6.
Fig. 5
Fig. 4
Fig. 9.
Fig. 5
Fig. 2
Fig. 3.
Fig. 7.

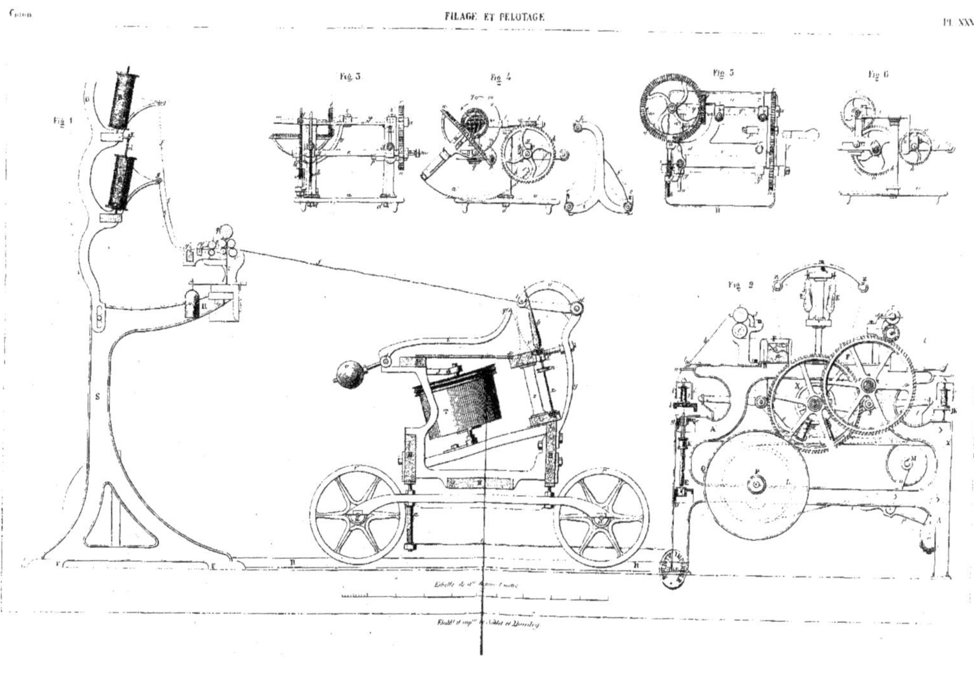
Fig. 1
Fig. 2
Fig. 3
Fig. 4
Fig. 5
Fig. 6

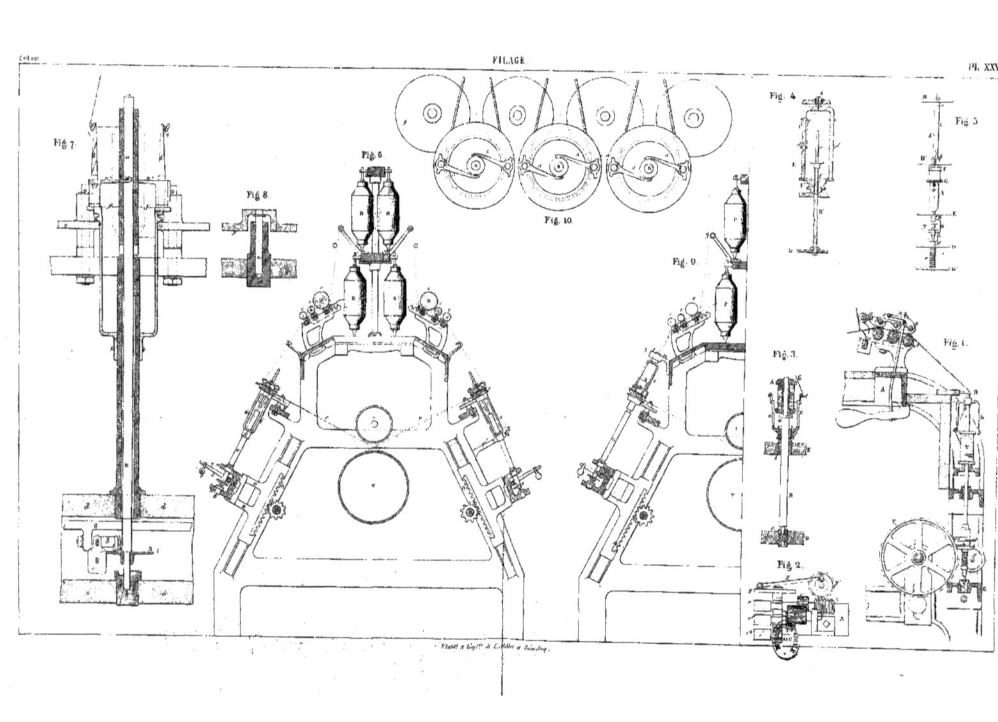
Fig. 7.
Fig. 8.
Fig. 6.
Fig. 10.
Fig. 9.
Fig. 4.
Fig. 5.
Fig. 3.
Fig. 1.
Fig. 2.

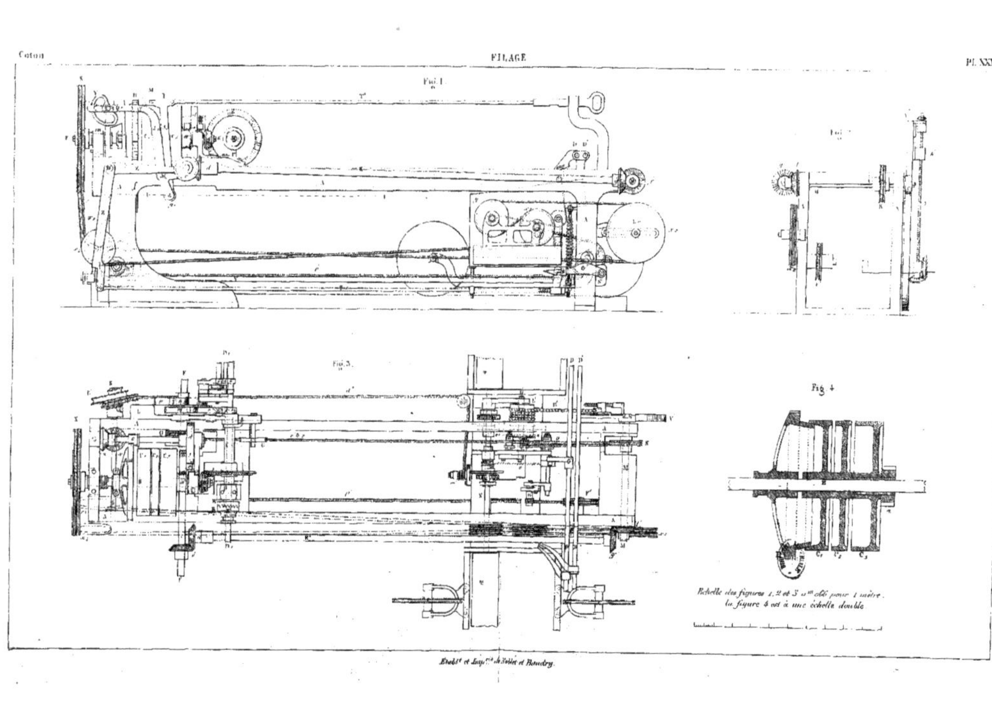

Étabt et Impie de Noblet et Baudry.

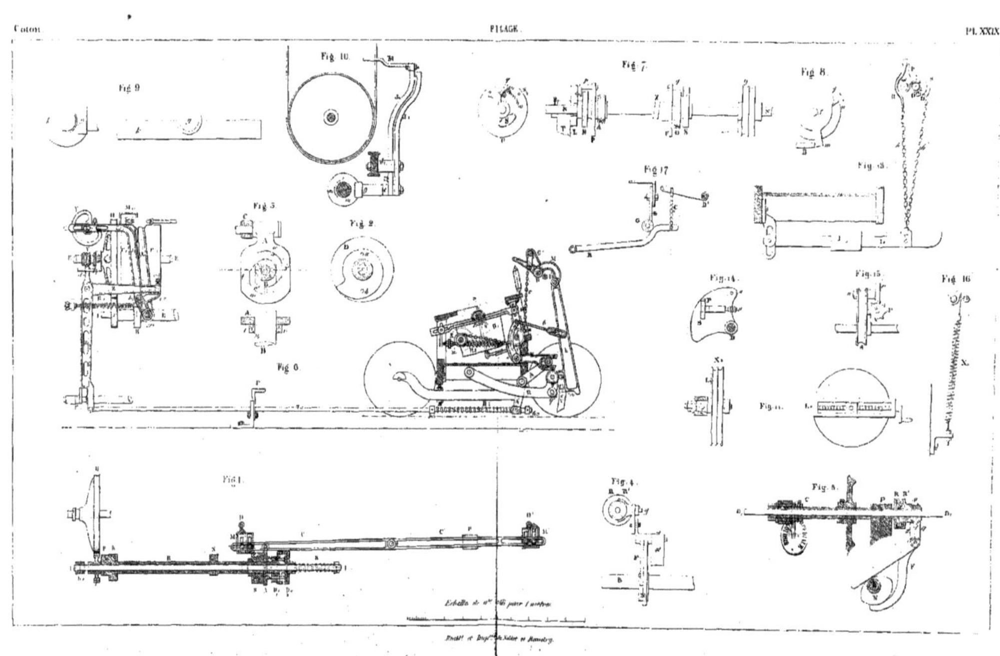
Fig. 1.
Fig. 2.
Fig. 3.
Fig. 4.
Fig. 5.
Fig. 6.
Fig. 7.
Fig. 8.
Fig. 9
Fig. 10.
Fig. 11.
Fig. 13.
Fig. 14.
Fig. 15.
Fig. 16
Fig. 17

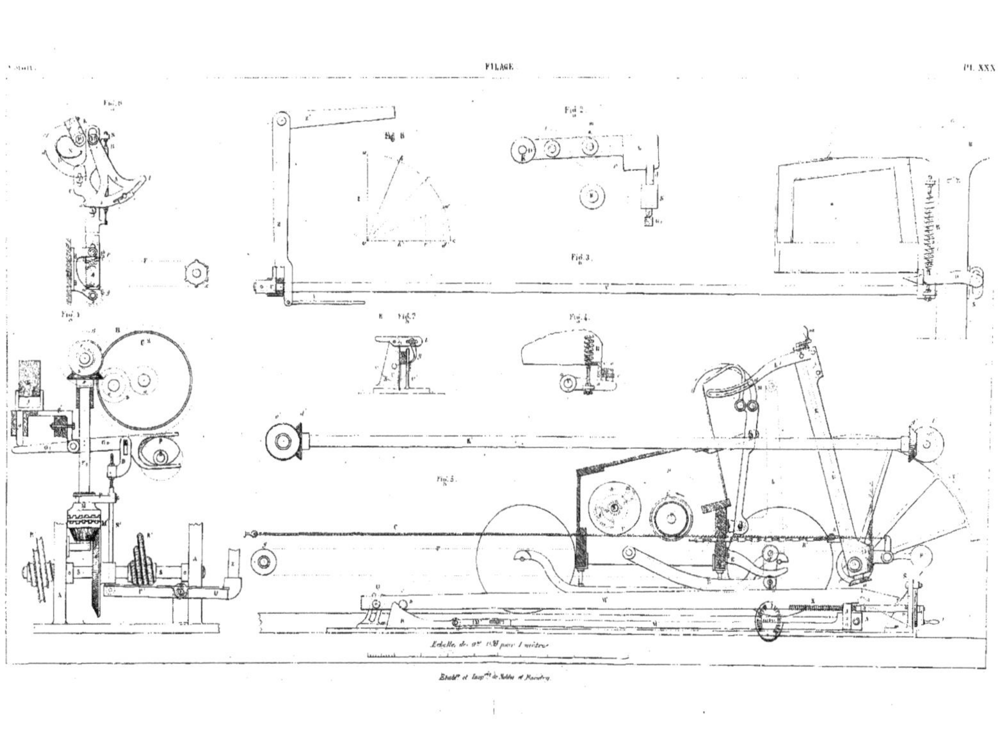
Fig. 1
Fig. 2
Fig. 3
Fig. 4
Fig. 5
Fig. 6
Fig. 7
Fig. 8

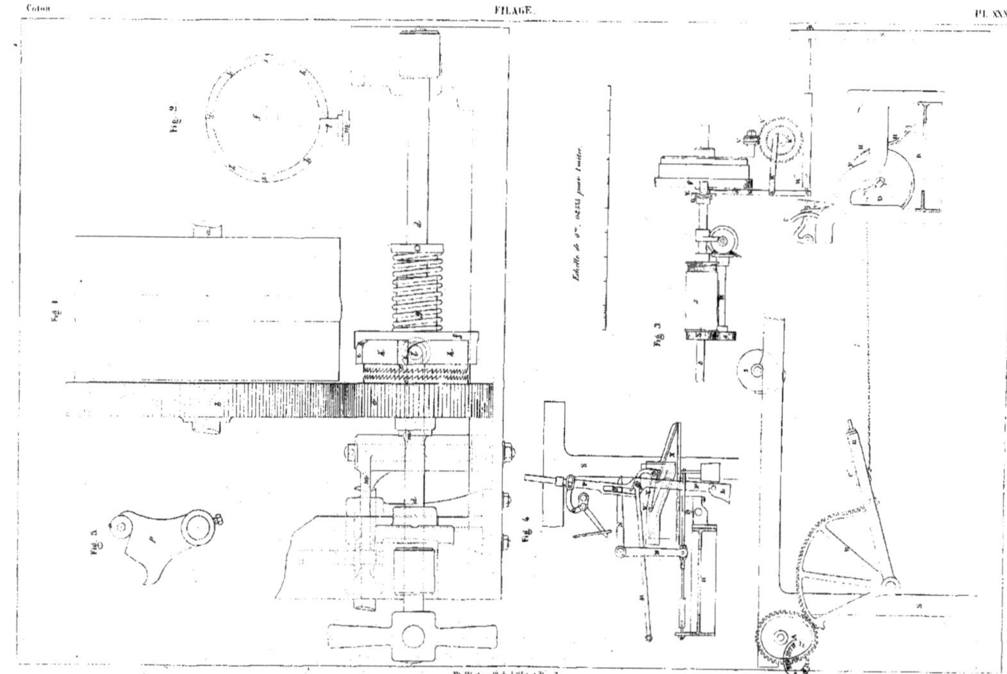

Noblet et Baudry

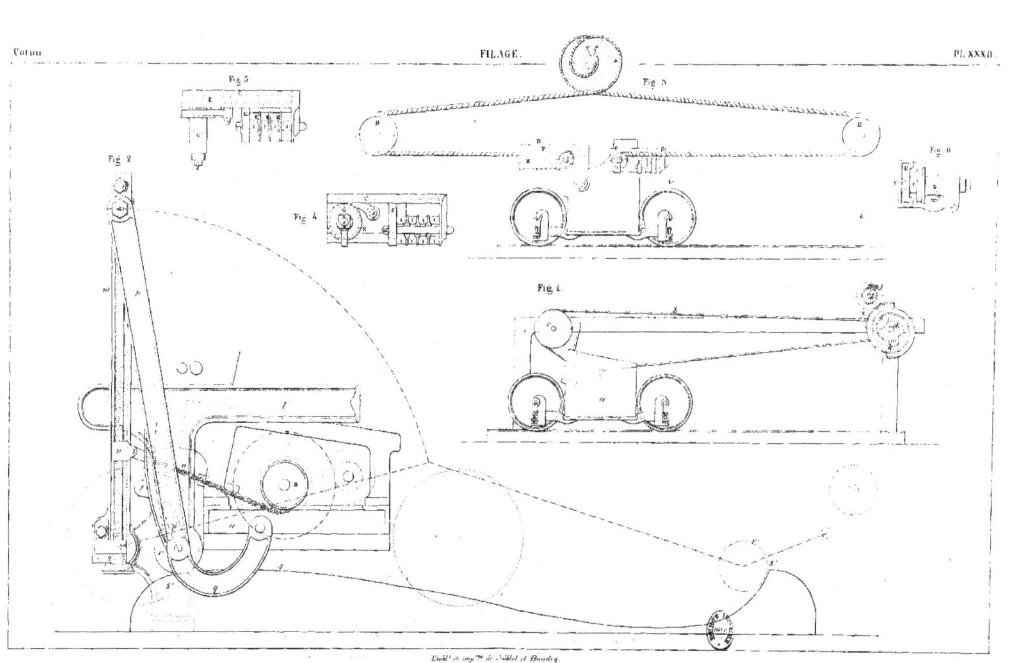
Coton.
FILAGE.
PL. XXXII.
Fig. 5
Fig. 3
Fig. 2
Fig. 6
Fig. 4
Fig. 1

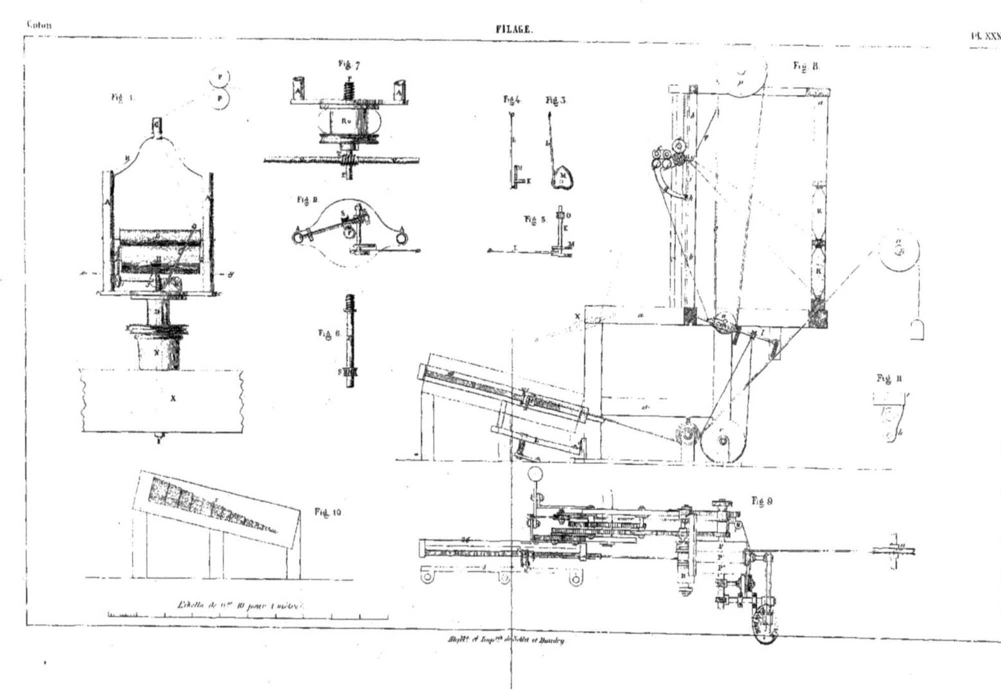

Lith. et Impr. de Sobla et Baudry

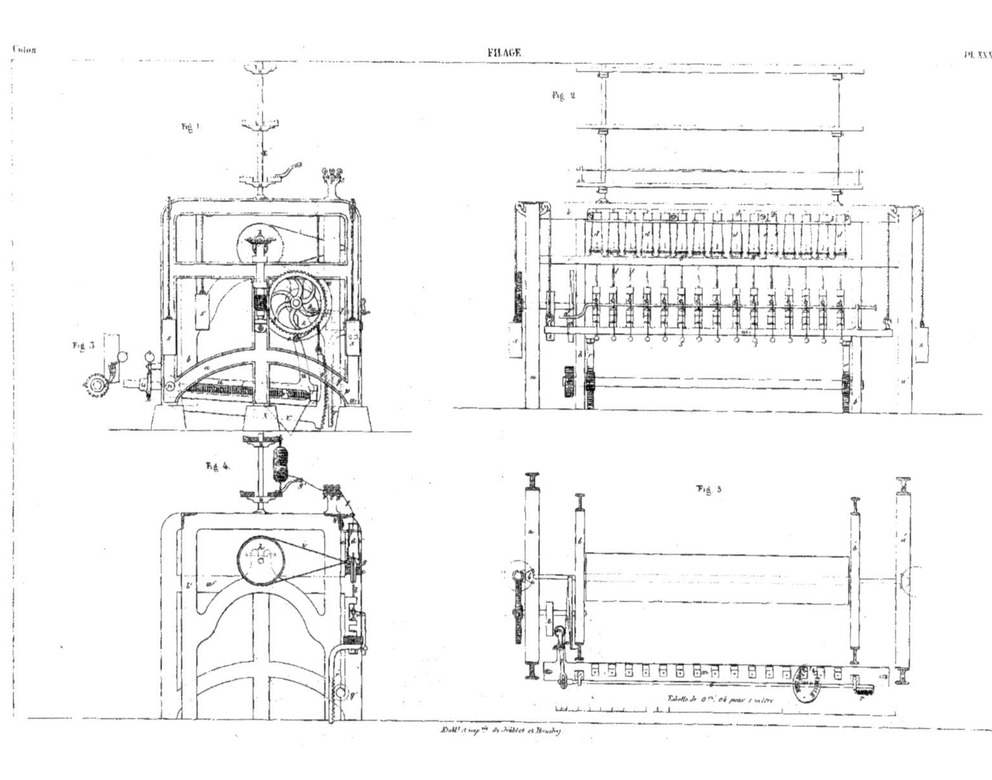

Établ.t et imp.rie de Jéblet et Baudry

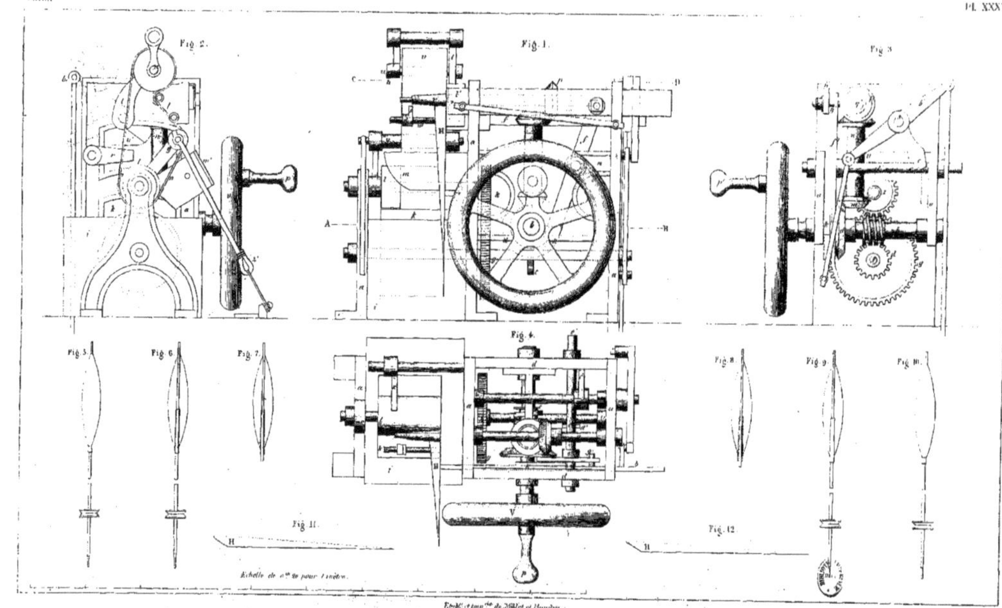
Fig. 2.
Fig. 1.
Fig. 3.
C
D
A
B
Fig. 4.
Fig. 5.
Fig. 6.
Fig. 7.
Fig. 8.
Fig. 9.
Fig. 10.
Fig. 11.
Fig. 12.
H
V

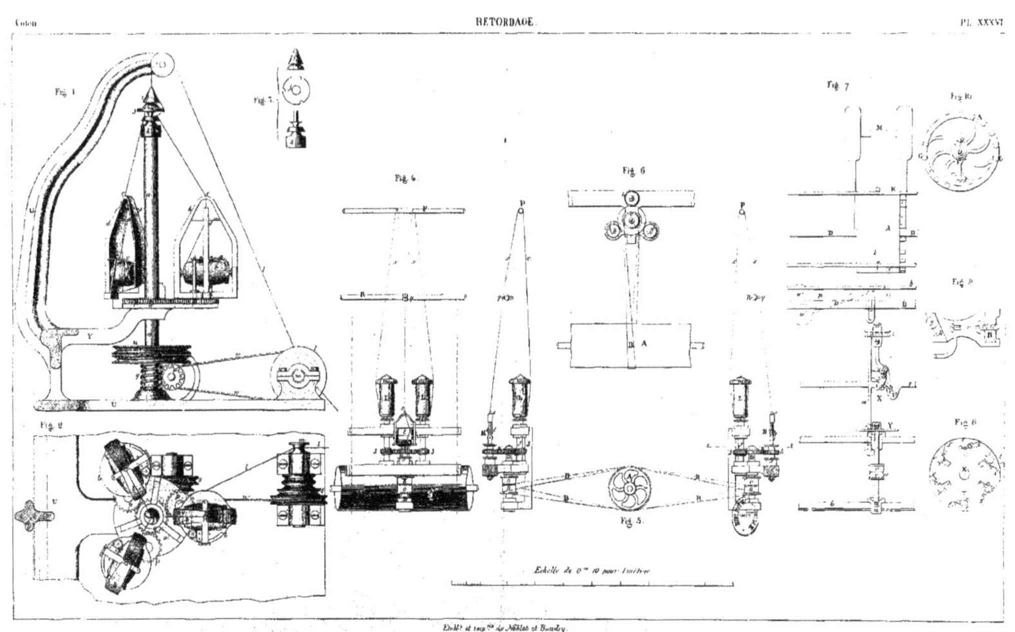

Établt et impie de Niklas et Baudry.

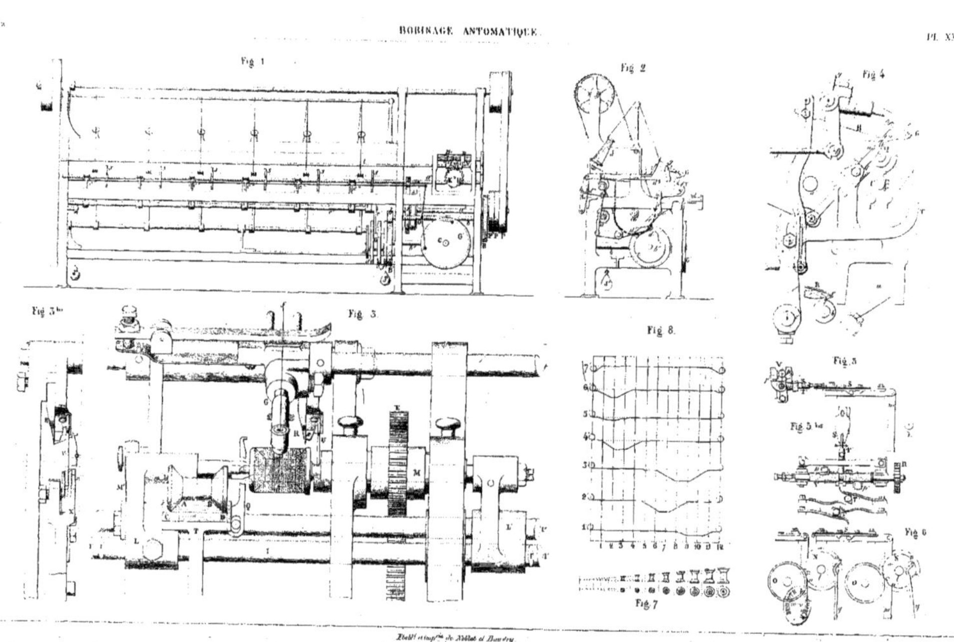

Etabl. et impr. de Noblet et Baudry

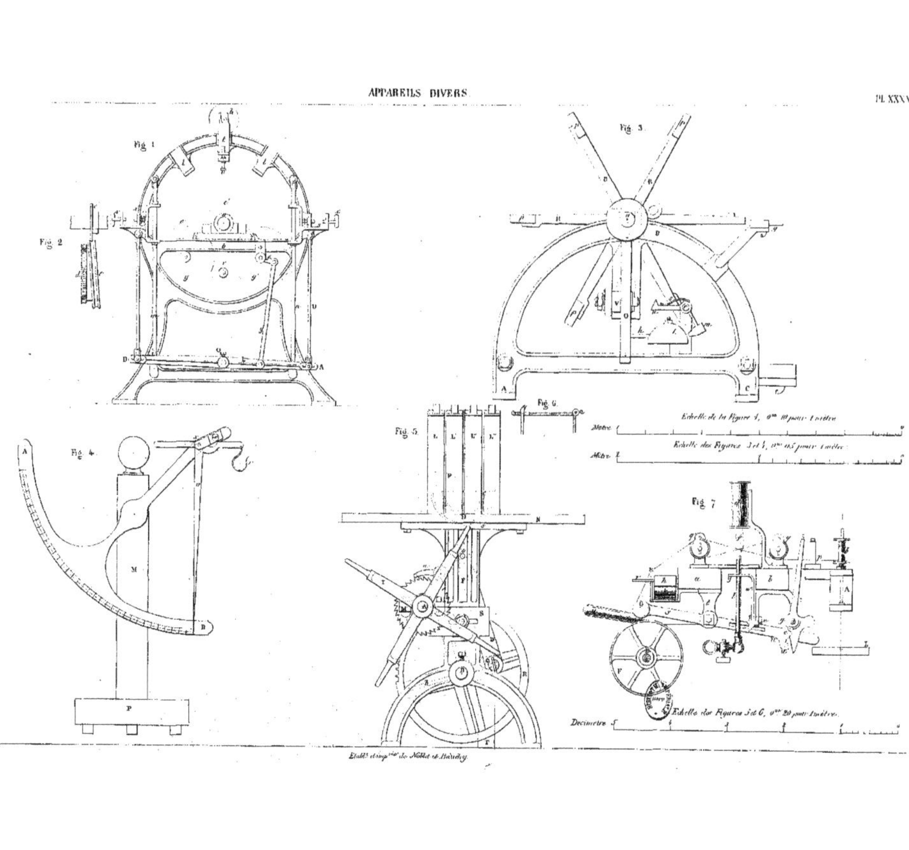
APPAREILS DIVERS
PL. XXXVIII
Fig. 1
Fig. 2
Fig. 3
Fig. 4
Fig. 5
Fig. 6
Fig. 7
Echelle de la Figure 4, 0m 10 pour 1 mètre
Mètre
Echelle des Figures 3 et 4, 0m 05 pour 1 mètre
Mètre
Echelle des Figures 5 et 6, 0m 20 pour 1 mètre
Décimètre
Etabl.t d'imp.ie de Noblet et Baudry

www.ingramcontent.com/pod-product-compliance
Ingram Content Group UK Ltd.
Pitfield, Milton Keynes, MK11 3LW, UK
UKHW022151190726
13855UKWH00004B/1435